52

RÉFLEXIONS

SUR LES

HERMAPHRODITES,

RELATIVEMENT

A ANNE GRAND-JEAN,

*Qualifiée telle dans un Mémoire de M^e,
Vermeil, Avocat au Parlement.*

A AVIGNON, & se vend

A LYON,

Chez Claude Jacquenod fils, Libraire,
grande rue Merciere.

M. DCC. LXV.

RÉFLEXIONS

SUR LES

HERMAPHRODITES.

QU'EST-CE QU'UN HERMAPHRODITE?
EN EXISTA-T-IL JAMAIS?

LE Mémoire que M. Vermeil, Avocat au Parlement, vient de donner en faveur d'Anne Grand-Jean, connue sous le nom de Jean-Baptiste, regardée comme hermaphrodite, incapable de se reproduire dans aucun sexe, nous détermine à traiter cette question singuliere.

L'on trouve dans l'ouvrage de ce Jurisconsulte célebre toute la délica-

A ij

teffe des bons Écrivains de ce fiecle,
& la mâle éloquence du Barreau ;
nous lui devons cet hommage, &
nous faifons gloire de le lui rendre :
cependant qu'il nous foit permis de
faire obferver les erreurs où l'ont jeté
des rapports ou tronqués ou pas affez
exacts. Il falloit juftifier fa Partie , &
une vifite trop détaillée auroit peut-
être rendu la défenfe de fa caufe plus
difficile.

Quand nos recherches ne perfua-
deroient pas les efprits prévenus ,
quand nous ne parviendrions qu'à
jeter quelques lumieres fur une ma-
tiere qui intéreffe l'humanité en général , & l'état des particuliers , que
quelques vices de conformation rend
difficile à décider , nous nous eftime-
rions heureux , à l'imitation de M.
Louis , & pleinement récompenfés de
notre travail. Ce Chirurgien habile,
ce favant fi eftimé n'a envifagé que
le bien public dans fes deux Mé-
moires , le premier fur la maniere
de diftinguer le fuicide d'avec l'af-
faffinat , & le fecond fur les accou-
chements tardifs.

Sans nous flatter de l'égaler, ne nous eſt-il pas permis, comme à lui, de mettre ſous les yeux des Juges, des regles qui puiſſent fixer leurs déciſions dans ces circonſtances extraordinaires?

L'antiquité Grecque & Romaine, ſi célebre dans preſque tous les Arts, fit peu de progrès dans la Phyſique. La Médecine, ſi recommandable dans les mains d'Hippocrate & de Galien, ſe borna dans la plupart de leurs ſucceſſeurs à une ſimple ſpéculation. L'Anatomie n'avoit pas encore porté un œil curieux dans tous les replis du corps humain; la circulation du ſang étoit inconnue; l'on croyoit encore aux influences des aſtres; une infinité de monſtres ſe multiplioient dans l'imagination prévenue de nos peres; des bruits populaires étoient inſérés dans les faſtes du temps, & conſacrés comme des vérités par le défaut de bons Critiques.

Quelque individu profita d'une irrégularité naturelle pour abuſer de la crédulité générale, & autorifer fon libertinage. C'en fut affez pour fournir aux Poëtes l'idée d'un être mâle & femelle capable d'engendrer en lui & hors de lui ; il fut déifié fous le nom d'hermaphrodite. Bientôt l'impoffibilité d'en démontrer l'exiftence en produifit un grand nombre ; cette qualité fut prodiguée à des hommes & à des femmes dont le fexe prédominant étoit pour ainfi dire confondu dans quelques marques du fexe différent. L'on crut fans examen, parce que l'on aimoit à croire les chofes qui tenoient du prodige. Il étoit réfervé aux derniers fiecles de perfectionner les connoiffances humaines : la Chirurgie, cette partie effentielle de l'art de guérir, n'a voulu croire que ce qu'elle a vu & examiné ; les prodiges ont difparu ; & les hermaphrodites doivent être relégués dans les métamorphofes d'Ovide, & dans les autres tiffus de fables qui leur ont donné le jour. C'eft ce que nous ne craignons pas d'entreprendre, malgré le préjugé univerfel ; & pour y parvenir, nous diviferons en quatre claffes les individus défignés communément fous le nom d'hermaphrodites, & nous les examinerons féparément.

La premiere & la feule à qui cette qualité convienne effentiellement, eft compofée de ceux que l'on fuppofe réunir parfaitement & diftinctement les deux fexes, avec la faculté de fe reproduire au dedans & hors d'eux.

La feconde eft de ceux à qui l'on a cru voir les parties de la génération de l'homme prédominantes, & quelque chofe de celles de la femme.

La troifieme, & la plus nombreufe, embraffe les femmes qui paroiffent avoir quelque chofe des parties de l'homme.

Enfin la quatrieme eft compofée de ces êtres infortunés que décrit avec éloquence M. Vermeil, qui n'occupent aucun rang dans la fociété, qui font privés des douceurs des deux fexes, & de l'efpérance de donner des citoyens à l'État.

PREMIERE CLASSE.

La fource ténébreufe des hermaphrodites de la premiere claffe auroit dû élever des doutes fur la pof-
fibilité d'un pareil être ; & la Médecine, qui, pour lors, n'étoit point
féparée de la Chirurgie, devoit en
examiner de près la réalité, avant que
les Légiflateurs euffent ftatué fur l'état
des hermaphrodites ; cependant les
premieres loix Romaines, fi fages
dans la plûpart de leurs principes,
les condamnerent à périr en voyant
le jour, comme des monftres dont
la naiffance annonçoit des malheurs
prochains. Enfuite on les rejetta de
la fociété, on les bannit dans les
déferts. Dans des temps moins bar-
bares, on leur rendit une place parmi les citoyens, à condition qu'ils
feroient choix d'un fexe, fans pouvoir ufer de l'autre. Ces loix, &
l'arrêt du Parlement de Paris rap-
porté dans le Dictionnaire de Tré-
voux, qui condamne au feu un

hermaphrodite accufé d'avoir ufé des
deux fexes, peuvent être regardés
comme des monuments de ces fiecles
où les préjugés avoient enfeveli la
raifon, mais non pas comme des
preuves de la réalité des hermaphrodites. L'Hiftoire & les Naturaliftes
ne nous en fourniffent aucune fur
laquelle on puiffe affeoir un jugement folide; aucun Médecin ne dit
affirmativement en avoir vu & reconnu. M. Lofshagon, dans une Dif-
fertation rapportée dans les Nouvel-
les Littéraires de la mer Baltique,
1704, page 105, dit bien qu'on a
vu deux hermaphrodites mariés en-
femble qui ont eu des enfants l'un
de l'autre. M. Schench, Médecin
Anglois, cité par M. Vermeil, rapporte qu'un hermaphrodite marié à
un homme eut de lui plufieurs enfants; & que pendant fon mariage
il eut des habitudes avec fes fer-
vantes, & les rendit fécondes.

Mais ces Auteurs ne rapportent
point ces faits comme les ayant vus;
ce ne font que des allégations fon-

dées fur des oui-dire; & l'Auteur du Dictionnaire de Médecine, au mot HERMAPHRODITE, ne craint pas de s'expliquer en ces termes : ,, Comme je regarde toutes les hif- ,, toires qu'on fait des hermaphro- ,, dites comme autant de fables, ,, j'obferverai feulement ici que je ,, n'ai trouvé dans toutes les per- ,, fonnes qu'on me donnoit pour ,, telles , autre chofe qu'un clitoris ,, d'une groffeur & d'une longueur ,, exhorbitantes, les levres des par- ,, ties naturelles prodigieufement gon- ,, flées , & rien qui tînt de l'homme.

Il n'eft pas douteux que tous les Médecins & Chirurgiens de l'Europe confultés fur cet objet ne rendiffent un pareil témoignage. On peut donc affurer qu'il ne fut jamais d'herma- phrodites , & que la nature en pro- duifant un monftre n'a pu perfec- tionner toutes fes parties au point de lui accorder une double faculté reproductive. *Natura ludit , fed non facit faltus.*

SECONDE CLASSE.

Nous avons placé dans la seconde claſſe des individus regardés comme hermaphrodites, ceux dont les parties génitales de l'homme étoient saillantes & capables d'engendrer comme homme, avec quelques apparences du sexe féminin. Cette espece eſt extrêmement rare, on en trouve cependant ; j'ai vu un garçon de douze à treize ans qui avoit la verge dans son état naturel, sans aucune apparence de testicules ; ils étoient sans doute reſtés dans le ventre : le scrotum formoit un enfoncement d'un pouce de profondeur, semblable à la grande fente chez les femmes, & l'intérieur de cet enfoncement étoit d'un rouge pâle. Pour asseoir un jugement certain sur ce jeûne homme, il auroit fallu attendre qu'il eût atteint 18 ans ; la nature auroit alors pu s'annoncer d'une maniere qui auroit fixé son état. C'eſt son développement tardif qui a trompé

souvent des meres fur le fexe de
leurs enfants, & a donné lieu aux
contes abfurdes rapportés par de
graves Auteurs, que des filles avoient
été changées en hommes. Pline,
entre autres, raconte l. 7, ch. 4,
que de fon temps deux filles avoient
été changées en hommes, à l'âge de
puberté. Fulgofe dit que Charlotte
& Françoife, deux filles de Louis
Guernat, avoient changé de fexe à
l'âge de 15 ans, leurs parties viriles
n'ayant paru qu'alors. Pline ni Fulgofe
ne nomment aucuns témoins oculai-
res de ces changements; ils ne les
ont rapportés que fur la voix publique : & il eft à préfumer que Guernat, que quelque intérêt particulier
avoit obligé de cacher le fexe de fes
enfants, fe trouva dans la néceffité
de le leur rendre, parce que leur
voix devint forte & mafculine, &
que la barbe commençoit à leur
croître.

Des mâles ont été regardés comme
filles à leur naiffance, parce que les
parties de la génération fe font trou-

vées renfermées dans l'abdomen , &
n'en font forties à l'âge de puberté
que par des moyens phyfiques , c'eft-
à-dire par quelque effort violent ,
ou par la chaleur du fang , excitée
par une paffion impétueufe. Nous
en trouvons des exemples dans plufieurs Auteurs. Ambroife Paré , ch.
7 , l. 25 , rapporte d'après *Amatus
Lufitanus* , qu'en un bourg de Por-
tugal il furvint un membre viril à
une fille nommée Marie Pateca ,
dans le temps où elle attendoit fes
fleurs. On lui donna un habit d'homme , & fon nom fut changé en Em-
manuel. Il voyagea aux Indes , &
fe maria à fon retour. Il n'eut jamais de barbe. L'Auteur ne dit pas
s'il eut des enfants. Suivant le même
Paré , un enfant de 14 ans , regar-
dé comme fille , careffant une fer-
vante avec qui elle étoit couchée ,
fentit tout-à-coup fes parties génitales d'homme fe développer. Ses
parents lui firent auffi changer de
nom & d'habit.

Il parle enfin d'un jeune homme

qui avoit paſſé pour fille juſqu'à l'âge de 15 ans : on la nommoit Marie Garnier. Pourſuivant un jour ſes pourceaux, qui entroient dans un blé, elle ſauta avec effort un foſſé ; les parties de l'homme, qui juſques alors avoient été cachées, ſe montrerent, ſans qu'elle éprouvât de douleur. Elle fut reconnue pour homme, par avis de Médecins & Chirurgiens, & nommé Germain. Paré dit l'avoir vu, qu'il étoit de moyenne taille, bien ramaſſé, & qu'il portoit une barbe fort épaiſſe.

Ces prétendus changements ne trouvent plus de crédules admirateurs ; l'on ne peut regarder comme hermaphrodites ceux qui les ont éprouvés, puiſqu'ils ont fait des actes de virilité, & que les reſtes des apparences de leur ancien ſexe n'offrent rien aux lecteurs qui en annonce la perfection. Il eſt à préſumer qu'après l'éruption de la verge & des teſticules, l'ouverture qui avoit occaſioné l'erreur a été fermée, ou que s'il en eſt reſté des traces, elles n'avoient aucune communication avec l'intérieur du corps. C'eſt de cette ouverture dont les ſoi - diſants her- maphrodites ont pu abuſer pour en impoſer à l'ignorance , & ſe faire regarder comme des êtres merveilleux.

TROISIEME CLASSE.

Nous avons placé dans la troiſie- me claſſe les individus qui peuvent engendrer comme femmes, avec quel- que apparence du ſexe maſculin. C'eſt inconteſtablement la plus nom- breuſe ; mais l'on oſe ſoutenir que dans tous ceux qui ont été examinés par gens de l'Art , l'on n'a reconnu aucunes traces des parties de l'hom- me , & que la cauſe de l'erreur n'eſt que l'étendue & la groſſeur plus ou moins grande du clitoris ou *penis* , que quelques Auteurs ont appellé verge féminine. Une deſcription ana- tomique de ce corps , commun à tou- tes les femmes , jettera ſur cet article des lumieres capables de déſabuſer les eſprits les plus prévenus.

En écartant les deux grandes levres des parties naturelles , on apperçoit au - deſſous de leur union ſupérieure une petite éminence coni-
que , qu'on appelle le gland du clitoris , & qui eſt environnée d'un replis de la peau continu aux nymphes
appellées le prépuce du clitoris : ce
prépuce couvre le gland du clitoris ,
comme dans l'homme le prépuce
couvre le gland de la verge ; & il
eſt de même garni intérieurement de
petits grains glanduleux qui filtrent
une liqueur mucilagineuſe , qui arroſe
ſans ceſſe cette partie , & l'empêche
de s'enflammer par le frottement.

Voilà tout ce que l'on peut voir
du clitoris ſans diſſection ; mais quand
on enleve avec art la peau qui fait
l'union ſupérieure des grandes levres,
on voit qu'elles couvrent un corps
cylindrique , qui eſt une verge imperforée ; ce corps, qui eſt le clitoris , eſt ſpongieux & membraneux ,
placé au devant de l'arcade des os
pubis, dans le même endroit que la
verge occupe chez les hommes. On
le

le divife en corps & en branches ;
le corps n'excede gueres en longueur
l'efpace de huit à dix lignes , & la
groffeur eft moindre que l'extrêmité
du petit doigt. Voilà la longueur &
groffeur la plus ordinaire ; mais il fe
rencontre des femmes chez qui on
trouve des clitoris auffi gros & auffi
longs que la verge chez les hommes ,
comme nous le dirons dans la fuite.

Les branches ou les racines du
clitoris font au nombre de deux ,
une à droite , & l'autre à gauche.
Elles font deux ou trois fois plus
longues que le corps du clitoris , &
attachées au bord de la petite bran-
che des os ifchion , à toutes celles
des os pubis , & fe réuniffent au-
deffous de la fymphife , pour former
le corps du clitoris , qui fe trouve
compofé de même que la verge de
deux corps caverneux adoffés & ad-
hérents l'un à l'autre ; de maniere
que la cloifon qui eft entre deux
n'eft point une cloifon diftincte , mais
la membrane aponévrotique de chaque colonne , adoffée l'une à l'autre

B

de la même maniere qu'on l'obferve chez les hommes.

L'extrêmité du clitoris fe nomme le gland, comme nous l'avons dit, quoiqu'il differe confidérablement de celui des hommes; ici ce n'eft que l'extrêmité de chaque corps caverneux, qui diminue de groffeur, & forme une pointe un peu recourbée comme le bec d'un oifeau. C'eft à cette pointe que la peau du prépuce eft attachée, fans être aucunement percée; de forte que le gland du clitoris ne fe trouve point à découvert comme celui de l'homme: & il n'en avoit pas befoin, attendu qu'il n'eft pourvu d'aucune ouverture, & qu'il n'eft formé que par l'extrêmité des deux corps caverneux, fans qu'il y ait une troifieme colonné, c'eft-à-dire l'urethre, qui entre dans la compofition du gland de la verge chez les hommes.

Le tronc du clitoris eft foutenu par un ligament fufpenfoire proportionné, qui eft attaché à la fymphife des os pubis: il ne s'enfonce

point dans les corps caverneux ; mais
en s'épanouiſſant ſur eux, il leur forme une gaîne très-forte, à peu près
comme dans l'autre ſexe.

Voici comme le célebre M. Morgagni décrit ce ligament. "Il y a
,, auſſi dans les femmes un ligament,
,, dont *Graaf* a parlé le premier,
,, que l'on peut comparer à celui
,, des hommes, eu égard à ſon rap-
,, port & à ſon uſage, parce qu'il
,, va pareillement des mêmes endroits
,, gagner le corps du clitoris : &
,, outre cela, j'ai obſervé qu'il alloit
,, juſqu'à l'angle ſupérieur des gran-
,, des levres, auſſi-bien que juſqu'aux
,, parties qui en ſont les plus pro-
,, ches.

Quoique le clitoris ſoit auſſi peu
conſidérable, il a néanmoins quatre
muſcles, deux de chaque côté. Les
premiers ſe nomment érecteurs ou
iſchio-caverneux : ils ont la même
fonction & la même ſituation que
ceux de la verge, mais ils ſont de
moindre volume : ils naiſſent un de
chaque côté de la tubéroſité des os

ischion , & se répandent sur les branches du clitoris qu'ils embrassent.

Les seconds ne sauroient être com-
parés à aucuns de ceux de l'homme.
On les nomme les constricteurs du
vagin , toujours par rapport à leur
usage. Ceux-ci ont leur attache la
plus fixe de chaque côté des corps
caverneux par un trousseau de fibres
assez minces, qui s'épanouissent & des-
cendent sur la partie externe du grand
conduit jusqu'au muscle sphincter de
l'anus , où ces trois muscles , les constricteurs & le sphincter , se joignent
& se confondent. Par cette situation
ils peuvent en se contractant dans
les approches conjugales resserrer l'o-
rifice du grand conduit , non pas
assez pour empêcher l'intromission du
penis , mais seulement pour le com-
primer , & rendre les attouchements
plus sensibles : ainsi ils méritent à
juste titre le nom de constricteurs du
grand conduit de l'uterus. Ils sont
encore destinés à rapprocher le gland
du clitoris vers l'ouverture du grand
conduit , où cette partie peut être

chatouillée agréablement dans les approches conjugales.

Le clitoris a de même que le penis des vaisseaux sanguins. Les arteres lui viennent de chaque côté des hypogastriques, par une couple de rameaux que l'on nomme aussi arteres honteuses. Les veines forment sur le dos & sur le gland du clitoris un rézeau cellulaire, qui passe sous l'arcade des os pubis, pour se rendre dans les veines hypogastriques.

Outre ces arteres, Regn. de Graaf a encore observé de semblables vaisseaux, qui des hémorrhoïdales viennent au clitoris, auquel ils se communiquent, en entrant dans sa substance par de petits rameaux.

Enfin le clitoris tire ses nerfs de la seconde & de la troisieme paire des nerfs sacrés, & par leur moyen communique avec le plexus mésentérique inférieur, & avec les grands nerfs sympathiques.

Il est bon d'observer que la partie repliée de la peau, que nous avons nommée le prépuce du clito-

ris , s'alonge au-deſſous du gland ,
& produit deux crêtes , une de chaque côté , qui deſcendant en groſſiſ-
ſant juſque ſur le milieu de la vulve ,
ſe termine près la grande ouverture
de l'uterus. On a donné à ces deux
avances le nom de *nymphes* , parce
qu'elles préſident à la ſortie des eaux.
Ces parties ne doivent point être
regardées comme de ſimples produc-
tions de la peau ; elles renferment
une ſubſtance ſpongieuſe , qui communique avec le corps du clitoris.
D'ailleurs ſi l'on fait attention que
ces deux petites levres ou nymphes
prennent leur naiſſance au prépuce
du clitoris , ou plutôt qu'elles en
ſont la continuité , on verra qu'elles
ſervent de frein au gland du clitoris. Outre le filet que forment ces
deux petites levres , il y a encore
une autre petite bride qui arrête le
prépuce du clitoris au gland qu'on
appelle le frein du clitoris ; & par
conſéquent le clitoris entrant en érection , ne peut pas avoir la même
direction du penis ; il doit de néceſ-

sité se porter dans un sens contraire
de haut en bas, sans qu'il puisse se
relever dans son action, au lieu que
le penis a sa direction de bas en
haut.

D'après ce détail il est aisé de
concevoir quel est l'usage du clitoris.
Il est évident qu'étant composé de
la même façon que le penis chez
l'homme, il doit de même entrer
en érection, & cela par le même
méchanisme, c'est-à-dire par l'influs
du sang & des esprits animaux dans
le corps du clitoris, & particuliére-
ment dans les muscles érecteurs;
effet produit par l'attouchement, ou
par l'effort de l'imagination : mais,
comme je l'ai dit, le clitoris ainsi
tendu doit se porter de nécessité de
haut en bas. Pendant ce temps d'é-
rection les esprits animaux communiquent au gland du clitoris un sen-
timent très-vif, & lui procurent dans
l'action un chatouillement très-agréa-
ble : de là vient que *Bauhin* l'appelle
fureur d'amour ; & *Colombus*, qui
prétend avoir découvert cette partie,

& d'autres Auteurs , *douceur d'a-
mour*. Il paroît que cette fenfation
voluptueufe doit principalement fe
paffer fur le prépuce du clitoris ,
parce qu'il eft le feul immédiatement
expofé à l'attouchement.

Cet état de tenfion & d'éreétion
ne dure qu'autant que la contrac-
tion des mufcles éreéteurs fubfifte ;
& celle-ci diminue avec la caufe qui
l'avoit fait naître : alors les veines
n'étant plus comprimées , reprennent
leurs fonétions ordinaires ; elles ab-
forbent , pour ainfi dire , le fang re-
tenu & extravafé dans les cellules du
clitoris , & le portent dans le torrent
de la circulation.

La néceffité & l'ufage de cet or-
gane du plaifir chez les femmes une
fois reconnus , il ne fera pas difficile
de prouver que c'eft l'étendue déme-
furée de cette partie qui a pu la faire
prendre par des hommes à préjugés
pour un membre viril ; & que la
débauche a déterminé bien des femmes à en abufer , pour tromper
d'autres femmes peu inftruites , ou

pour se joindre à celles qui parta-
geoient leurs plaisirs avec connoissan-
ce de cause.

Ces infames, que les anciens ont
nommées *tribades*, & quelques mo-
dernes *confricatrices*, recherchent
avec plus d'avidité la compagnie des
femmes que celle des hommes. Il ne
faut pas s'en étonner ; la sensation
voluptueuse étant excitée par le frottement au gland du clitoris, elles
preferent de s'en servir avec d'autres
femmes, à être approchées par des
hommes, parce qu'elles éprouvent
plus de plaisir, & ne courent pas les
risques de l'enfantement.

L'histoire est remplie d'exemples
de cette espece. *Cælius Aurelianus*,
suivant Riolan, l. 2, page 437, rapporte que Saphus la Devineresse avoit
cinq femmes dont elle abusoit à la
façon des hommes. Il les nomme
Amythone, *Tolesppa*, *Megarat*,
Athys & *Cydue*. Leon l'Africain,
dans le 3e. livre de ses voyages,
rapporte une infinité de traits de
cette nature. On en trouve dans

Papon , liv. 22 , tit. 7 , art. 2 ; dans *Amatus Lufitanus* , centurie 7 , curat. 18. Martial en fait le fujet de l'épi-gramme 91e. du liv. 1er. & de la 66e. du 7e. liv. *Plempius* rapporte qu'une certaine femme nommée Heleine abu-foit de cette partie à la maniere des hommes , & qu'elle féduifoit ainfi de jeunes filles. Bartholin , en fon hift. anatom. cent. 3 , hift. 59 , fait men-tion d'un trait que je crois unique : il dit que le clitoris d'une courti-fanne Vénitienne devint offeux pour en avoir fait un abus trop fréquent.

C'eft enfin de ces femmes dont parle St. Paul dans l'Épître aux Ro-mains , ch. 1er. art. 26 : *Les femmes parmi eux* , dit-il , *ont changé l'ufage qui eft félon la nature en un autre qui eft contre la nature.* Pourquoi donc fuppofer dans ces femmes lu-briques un prétendu partage de fexe , & rejetter fur les premieres impref-fions de la nature envers leur propre fexe , leur penchant à une débauche auffi criminelle ? Ce feroit excufer le crime affreux de ces hommes , oppro-

bres de l'humanité, qui rejettent
une alliance naturelle pour assouvir
leur brutalité avec d'autres hommes.
Dira-t-on qu'ils n'éprouvent que de
la froideur auprès des femmes, &
qu'un instinct de plaisir dont ils igno-
rent la cause les rapproche malgré
eux de leur sexe ? Malheur à celui
que ce raisonnement pourroit per-
suader !

Mais toutes les femmes à qui le
penis est prolongé outre mesure n'en
abusent pas ; il en est qui en font
souvent si fort incommodées dans
l'union conjugale, qu'on a été obligé d'en faire l'amputation. Cette
opération est simple & sans danger.
Les Ethiopiens & la plûpart des
Orientaux font dans l'usage de la
faire faire à leurs femmes, ou de
brûler cette partie, que la chaleur
du climat fait croître étonnemment à
mesure qu'elles avancent en âge :
ils qualifient cette opération de cir-
concision.

Il ne paroît donc pas douteux que
ces prétendus hermaphrodites femel-

les font des femmes très-bien conftituées , au volume près du penis :
tous les Auteurs fe réuniffent pour
l'affirmation de cette vérité.

Dimerbroech dit avoir vu à Mont-
ford une femme mariée à un Ser-
gent , dont le clitoris , qui ne commença à croître qu'après qu'elle eut
fait trois ou quatre enfants , devint
de là longueur & de la groffeur
communes de la verge d'un homme.

Il rapporte avoir examiné auprès
d'Angers une femme âgée de 28 ans
qui paffoit pour hermaphrodite , &
montroit fes parties génitales pour de
l'argent. Elle avoit de la barbe comme un homme , & portoit cependant
les habits de fon fexe. Son clitoris
étoit de la longueur du doigt du
milieu , & de la groffeur du penis ,
ayant fon gland , fon frein , & fon
prépuce , comme dans l'homme , ex-
cepté que le gland n'étoit pas percé :
d'ailleurs le conduit de l'urine , le
grand conduit de l'uterus , &c. tout
étoit exactement comme chez les femmes bien conftituées.

Le même Auteur dit encore avoir
vu à Utrecht, en 1668, une Angloise
âgée de 22 ans, que l'on regardoit
aussi comme hermaphrodite. Son clitoris étoit de la longueur de la moitié du petit doigt ; il ressembloit au
penis, mais n'avoit point d'ouverture : l'assemblage des nymphes lui formoit un prépuce par le moyen du-
quel le gland se couvroit & se dé-
couvroit à moitié, comme chez les
hommes. Elle avoit ses maladies périodiques tous les mois ; ses mammelles étoient d'une grosseur médio-
cre, sa poitrine & ses cuisses un peu
velues. Elle avoit la voix forte, des
cheveux crêpés, & un peu de barbe
aux environs de la bouche. Cette
femme avoit cinq à six ans lorsque
ce clitoris commença à paroître.

Après ces exemples, Dimerbroech
remarque que ces soi-disants hermaphrodites ne participent pas des deux
sexes, mais qu'ils sont de véritables
femmes, dont les parties génitales
sont mal conformées. Rien de plus
favorable à notre système que cette

réflexion. Il eſt encore appuyé par le ſentiment de M. Laurès, Docteur en Médecine & Doyen des Chirurgiens de Lyon : (ſon nom fait ſon éloge). Il m'a dit avoir vu en cette ville une jeune fille entiérement ſemblable à cette Angloiſe, & dont le clitoris étoit beaucoup plus conſidérable.

Par celui de M. Hoin, Chirurgien de Dijon, dans ſa Diſſertation ſur l'hermaphrodite Drouart. Quoique la deſcription générale qu'il fait de toute ſa perſonne ne ſoit pas en tout conforme à celle que nous donnerons enſuite d'Anne Grand-Jean, il eſt parfaitement d'accord ſur la forme du baſſin. A l'égard des parties naturelles, on croit voir, dit M. Hoin, la verge pendante d'un mâle plus groſſe que longue, ſituée au lieu ordinaire, entourée d'une touffe très-épaiſſe de poils, & recouverte des téguments communs. Le gland, bien conformé en apparence, n'eſt pas percé; on ne voit au-dehors ni bourſes, ni teſticules; on ſent même, en

appuyant le doigt de chaque côté
fur les branches des os pubis, au-
deffous des anneaux des mufcles obli-
ques, que Drouart n'eft point dans
le cas de quelques hommes dont les
tefticules reftent dans la capacité du
bas ventre. Si cette verge imparfaite
n'eft qu'un vice de conformation d'u-
ne partie propre aux femmes, elle
a plus de reffemblance avec celle d'un
homme, tant par rapport à fon volume qu'à ces enveloppes qu'avec le
petit corps (le clitoris) dont elle
tient la place.

Lorfqu'on la fouleve & qu'on la
porte un peu de côté, on apperçoit
le type extérieur du fexe féminin,
dont les ailes ou levres bordées de
poil font fermées & faillantes. Ces
ailes embraffent la fauffe verge, &
lui livrent paffage. La commiffure fe
termine par une foffette naviculaire
au périné, qui a près de deux pouces
de longueur ; elle eft furmontée d'u-
ne petite maffe graiffeufe, qu'il feroit
difficile de ne pas reconnoître pour
le mont Vénus. Les nymphes font

fort minces & fort étroites. Le ca-
nal de l'urethre & l'ouverture vagi-
nale font au deffous. Cette derniere
eft étroite, & refferrée à fon entrée
par un large pli cutané, &c.

Enfin M. Hoin conclut que fuppofé
que le vœu de la nature appellât jamais Drouart à s'unir à un autre
individu, il ne hazarde rien en affu-
rant que la partie mafculine feroit
abfolument impropre à la génération,
quand même on la mettroit dans le
cas de prendre une autre direction
que celle qu'elle reçoit du double
frein qui la bride, & lui donne une
courbure nuifible, en coupant ce
double frein; mais qu'il n'en feroit
pas de même de la fection qu'il penfe
que l'on pourroit faire fans rifque à
l'endroit de la foffette naviculaire:
qu'il ne confeilleroit cependant ce
débridement qu'autant que la vie
célibataire feroit trop incommode à
Drouart, & qu'animé du defir de
contribuer à la propagation de l'ef-
péce humaine, il efpéreroit de de-
venir mere; qualité qu'il ne voit rien
qui

qui puiſſe l'empêcher d'acquérir phy-
ſiquement, après qu'il auroit ſouffert
l'opération propoſée.

Platere, en ſes obſervations, page
526, dit avoir vu une femme dont
le clitoris égaloit en longueur & en
groſſeur le col d'une oie.

Riolan, l. 2, page 437, a trouvé
pluſieurs fois des clitoris de la longueur & groſſeur du petit doigt.

Venete aſſure en avoir auſſi trouvé
de cette eſpece.

Le ſieur Peronnet, Chirurgien à
Lyon, certifie la même choſe.

Schench, l. 4 de ſes Obſervations, parle d'une femme dont le
clitoris de la longueur du petit doigt
entroit en érection à la moindre
penſée laſcive.

Regnier de Graaf a vu une fille
qui dès ſa naiſſance avoit le clitoris
ſi fort reſſemblant à la verge de
l'homme, que la ſage-femme qui
accoucha la mere, & les perſonnes
qui étoient préſentes, la jugerent
être un garçon, & la firent baptiſer
comme tel. Mais cette erreur fut pé-

C

couverte après la mort de l'enfant, par la diffection exacte qui fut faite de fon cadavre.

Columbus dit avoir examiné avec une attention fcrupuleufe les parties naturelles internes de plufieurs filles dont le clitoris étoit plus long & plus gros qu'à l'ordinaire, fans y avoir rien trouvé d'effentiel qui différât des parties des femmes bien conftituées. Il ajoute qu'elles fouffroient tous les mois l'écoulement de leurs regles.

En 1757 une fille âgée d'environ 30 ans, dont le clitoris gros comme le pouce s'étendoit au moins de la longueur de cinq travers de doigts au moindre chatouillement, courut tous les amphithéatres de Montpellier, & s'y fit voir pour de l'argent à tous les éleves en Médecine & en Chirurgie. Elle étoit d'ailleurs bien conformée, & avoit fes maladies périodiques.

Enfin j'ai difféqué en 1761 à l'amphithéâtre de l'Hôpital général de la Charité, dont j'étois alors Chirur-

gien Major, une fille de 12 ans qui
avoit deux clitoris, deux glands, &
un feul prépuce : je développai ces
parties avec attention ; & les ayant
injectées, j'obfervai que du côté
droit du corps caverneux du clitoris
s'élevoit une colonne dont l'intérieur
étoit fpongieux, bien diftincte & bien
féparée, qui fe portoit vers le corps
du clitoris, & l'égaloit en groffeur
& en longueur. Ils n'étoient l'un &
l'autre que d'une longueur ordinaire:
d'ailleurs toutes les parties de la
génération extérieures & intérieures
étoient dans l'état ordinaire.

Tant d'obfervations fi unanime-
ment conftatées doivent fans doute
être regardées comme un corps de
preuves inconteftables, que quelques irrégularités de la nature dans
une des parties diftinctives du fexe
n'en changent point l'efpece, &
encore moins les inclinations de l'individu en qui cette conformation vi-
cieufe fe rencontre. Il eft au contraire
très-probable que la perverfité humaine qui a porté la corruption dans

tous les êtres, depuis les villes juſques dans les campagnes, tourne ces
prétendues inclinations du côté qu'elles peuvent ſe ſatisfaire plus aiſé-
ment & avec moins de riſques.

Que les amateurs de l'extraordinaire ne cherchent donc plus des
êtres imaginaires capables de remplir
les fonctions des deux ſexes ; ils n'ont
exiſté que dans l'eſprit des ſimples,
& dans des temps où la crédulité
publique étoit miſe à contribution
par les fourbes les moins adroits.

QUATRIEME CLASSE.

La quatrieme eſpece renferme ceux
qui ont un ſexe prédominant, mais
dont les parties de la génération ſont
ſi mal conformées, qu'ils ne peuvent
engendrer dans eux ni hors d'eux.
Pour le bien du genre humain, il exiſte
peu de ces êtres infortunés ; cependant il s'en trouve. J'ai vu à Lyon,
dans le courant du mois d'Octobre
1760, un Hermité nommé Teiſſon,
âgé d'environ 35 ans. Sa taille étoit

moyenne ; fes cheveux & fa barbe noirs ; au lieu des parties naturelles, il avoit fur le pénil une tumeur ovale de la groffeur d'un œuf de poule, dont la partie extérieure étoit tendue & rouge : aux deux côtés inférieurs de cette tumeur étoit une petite ouverture infenfible d'où l'urine tomboit goutte à goutte ; fous la tumeur étoit une ouverture tranfverfale d'environ un pouce, d'où fortoit une efpece de verge dont les corps caverneux & le gland étoient applatis & découverts ; cette verge étoit imperforée, & s'étendoit d'un pouce & demi, &c.

On s'arrêtera ici ; cette defcription, communiquée par M. Colomb, Lieutenant du premier Chirurgien du Roi à Lyon, & Membre de l'Académie des Sciences & Arts de la même ville, au fieur Dufieu, étant inférée dans fon traité de Phyfiologie, les curieux pourront l'y confulter.

Il eft aifé de fentir que cet individu monftrueux ne peut ni engendrer ni concevoir ; & conféquemment

il n'en eſt point qui reſſemble moins
à l'hermaphrodite , qui doit réunir
cette double faculté.

C'eſt cependant dans cette derniere claſſe que M. Vermeil a placé
Anne Grand - Jean , fondé , dit - il ,
ſur le procès - verbal de viſite des
Médecin & Chirurgiens de Lyon ,
ſur ſes réponſes aux queſtions du Juge
& aux ſiennes , & ſur celles de ſa
femme.

On ne ſait s'il a puiſé dans cette
piece & dans ces réponſes la deſcription latine qu'il a faite dans ſon
Mémoire , de la Grand - Jean ; mais
il eſt certain qu'elle differe eſſentiel-
lement des termes du verbal de viſite
dont il s'agit. Pour mettre à même
d'en juger , on rapportera mot à
mot & la deſcription de M. Vermeil ,
& le Rapport dont on a traduit à
ſon exemple l'endroit qui renferme
des expreſſions qui pourroient bleſſer
la délicateſſe.

Copie de la Description de M. Vermeil inférée dans son Mémoire,
page 14.

*Intra pudendi labra supra meatum
urinarium, carnosa quædam moles
inspicitur speciem virilis membri præ
se ferens, sese arrigens cum delecta-
tione in conspectu feminæ, & firma
stans in coïtu ; crassitudine digiti
cùm arrecta est & extensa, longitu-
dine quinque transversorum digito-
rum quantitate : in summitate men-
tulæ vel membri virilis apparet glans
cum præputio ; sed non est glans
perforata, ideoque nullum semen per
hanc emitti potest. Infra mentulam
& in orificio vulvæ ambo apparent
globuli, testiculorum ad instar ; exi-
guum autem est vulvæ orificium pe-
nè digitum admittens ; nec per hanc
menstrua fluunt, nec ullâ sensatione
jucundâ commovetur, nec semine
feminino irrigatur.*

C iv

Copie du Rapport des Médecin &
Chirurgiens de Lyon.

Nous Conseiller , Médecin du Roi ,
Docteur en Médecine de l'Université
de Montpellier , Professeur aggrégé
au College des Médecins de Lyon ;
& nous Chirurgiens du Roi députés
aux Rapports en Justice , Gradués ,
& Maîtres en Chirurgie de cette
ville , certifions qu'en conséquence
de l'ordonnance ce jourd'hui rendue
par Monsieur le Président Charrier
de la Roche , Lieutenant - particulier , faisant les fonctions de Lieutenant - Criminel , comme premier en
ordre , sur les conclusions de Monsieur le Procureur du Roi & à sa
requête , nous nous sommes transf-
portés dans les prisons Royaux de
cette ville pour constater du sexe
de la nommée Anne Grand - Jean.
Nous l'étant fait représenter & l'ayant
attentivement examinée , nous remar-
quons que cette fille peut avoir environ trente à trente - deux ans ,

qu'elle a les cheveux noirs & longs,
les fourcils peu fournis & bruns,
grands yeux gris, le nez bien fait,
les levres un peu groffes, & ver-
meilles, la bouche de moyenne gran-
deur, la phyfionomie unie, la taille
d'environ cinq pieds, la gorge affez
confidérable, les *arréoles d'un rouge*
pâle, les bouts de la groffeur du
petit doigt & longs d'environ cinq
lignes, *ejus ventrem effe planum &*
depilem, acetabulum grande & am-
pliffimum, brevia craffaque femo-
ra, apta ex mediocribus lacertis
crura; generationis partes prorfus
feminini fexûs, id eft dictam An-
nam habere montem Veneris emi-
nentem fatis & pilofum, magnam
cavitatem longitudinalem quàm ma-
ximè diftinctam, defcendentem à
parte media & inferiori pubis prope
anum; alas optimè diftinctas, cor-
pulentiores & pilofas; labia minima
aut nymphas admodum productas,
quarum à parte initiali geminas effe
cavitates exiguas, alteram à dextra,
à finiftra alteram; quarum ex media

apparere clitoridis præputium hîc distinctiſſimè tactu ſentire corpus du-rum pennæ caulis amplitudini æqua-le, quod non aliud eſſe clitoride. Idem hoc eſſe corpus quod dicta An-na dixiſſe nobis creſcere in longitu-dinem ad femininum acceſſum. Infra nymphas & introrſum apparere ge-minas alias adnatas carunculas mem-branaceas, quæ ſunt vaginæ hiatûs ſicut capitulum; quarum caruncula-rum initio ſubjacere meatum urina-rium, & proximè infra vaginæ hia-tum qui omni modo eſt in ſtatu na-turali, uti reperitur in virgine quàm optimè conſtituta, ſive ſpectetur ex-terior ejus apertura, ſive altitudo.

D'après ce détail nous penſons que ladite Grand-Jean eſt réellement du ſexe féminin; & que ce qui peut la diſtinguer des autres femmes, n'eſt autre choſe que ſon clitoris, qui s'alonge outre meſure, comme elle nous l'a dit, mais qui ne peut en aucune maniere ſervir à la géné-ration, &c. Voilà ce que nous pou-vons dire de plus détaillé, n'ayant

trouvé rien autre qui diftingue ladite
Grand-Jean des autres femmes. A
Lyon, ce 13 Juillet 1764. *Signés,*
B R A C, Docteur en Médecine,
FAISSOLE & CHAMPEAUX.

Je pourrois apporter pour preuve
de toute l'exactitude & de la vérité
du procès-verbal ci-deffus, celui qui
fut fait en vertu de l'ordonnance
de M. l'Official, dont voici la te-
neur.

,, Nous Docteur en Médecine de
,, l'Univerfité de Montpellier, Pro-
,, feffeur aggrégé au College des
,, Médecins de Lyon, & nous Maî-
,, tre en Chirurgie de la même
,, ville, certifions qu'en conféquence
,, de l'ordonnance rendue le 21 Sep-
,, tembre 1764, par M. le Révérend
,, Official de l'Archevêché & Diocefe
,, de Lyon, fur la requête à lui
,, préfentée par Françoife Lambert,
,, enfuite des conclufions & de la
,, requête de M. le Promoteur-gé-
,, néral dudit Archevêché & Diocefe
,, de Lyon, nous nous fommes

„ transportés ce jourd'hui entre qua-
„ tre & cinq heures de l'après midi ez
„ prisons royaux de St. Joseph,
„ pour y procéder à la visite des
„ parties naturelles du nommé Grand-
„ Jean, & en dresser le rapport;
„ & que ledit Grand-Jean nous ayant
„ été présenté, il nous a dit se nom-
„ mer Jean Anne Grand-Jean, fils
„ de Jean-Baptiste Grand-Jean & de
„ Claudine Boudier; être natif de
„ Grenoble, Paroisse St. Joseph, &
„ être âgé d'environ 32 ans. Après
„ l'examen fait de son corps, & spé-
„ cialement de ses parties naturelles,
„ nous l'avons trouvé sans barbe,
„ ayant les mammelles & les parties
„ de la génération conformées com-
„ me le sont ordinairement les fem-
„ mes, sans aucune apparence de
„ *virilité* ni d'*hermaphrodite*. Ce
„ que nous affirmons véritable. A
„ Lyon, le 21 Octobre 1764. *Si-*
„ *gnés*, R A S T fils, Médecin, &
„ M A G N I O L.

Je ne puis comprendre comment M. Vermeil a pu extraire du premier procès-verbal ces mots, *globuli testiculorum ad instar*, à moins qu'il n'entende par ces mots les deux petites excroissances charnues & membraneuses, *quæ sunt sicut capitulum hiatûs vaginæ*, qu'ont observé les Médecin & Chirurgiens de Lyon. On n'y trouve point *carnosa hæc moles speciem virilis membri præ se ferens, sese arrigens*, &c. à moins qu'il n'entende ce corps dur de la grosseur d'un tuyau de plume, qui n'est autre chose que le clitoris, & que la Grand-Jean a déclaré *crescere in longitudinem in conspectu feminæ*. Voilà donc des contradictions bien marquées entre la description & le verbal. M. Vermeil dit l'avoir lu ; comment a-t-il donc pu avancer dans son Mémoire, 1°. "que les „ Médecin & Chirurgiens de Lyon, „ après avoir rendu compte de ce „ qu'ils avoient trouvé chez la „ Grand-Jean de masculin, crurent „ devoir attester que son sexe pré-

„ dominant étoit celui de femme ;
„ 2°. que d'après le procès-verbal
„ de viſite dont il s'agit , il convient
„ de mettre la Grand-Jean dans la
„ claſſe des hermaphrodites incapa-
„ bles d'engendrer ? „ Les termes de
ce verbal ſont préciſément contrai-
res à ces aſſertions ; il eſt dit 1°.
„ que les parties de la génération
„ ſont abſolument du ſexe féminin ;
„ 2°. que la Grand-Jean eſt réelle-
„ ment du ſexe féminin , & que ce
„ qui peut la diſtinguer des autres
„ femmes n'eſt autre choſe que ſon
„ clitoris qui s'alonge outre meſu-
„ re , mais qui ne peut en aucune
„ maniere ſervir à la génération. "

Nous ſommes d'accord ſur ce der-
nier point avec M. Vermeil ; mais
nous ſoutenons que l'étendue de cette
partie n'eſt point un obſtacle à ce
que la Grand-Jean ne puiſſe ſe reproduire comme femme ; & quand
elle en feroit un , la facilité de le
lever par l'amputation , qui n'entraî-
ne nul danger , ne laiſſe nulle repli-
que : outre les exemples que nous

avons donnés de cette opération, nous en trouverions une infinité, si la chose n'étoit pas notoire.

Les prétendus testicules placés à l'extrêmité des nymphes, ne sont autre chose que deux petites nymphes que l'on peut nommer inférieures, & qu'il n'est pas sans exemple de rencontrer chez les femmes. Morgagni en rapporte trois adver. iv. animad. xxiii. *In virginum dissectione*, dit-il, *præter nymphas superiores, ter vidi in imis pudendi lateribus duas alias parvulas quasi nymphas prætuberare.*

Le hazard a donné lieu à ces observations, qui se multiplieroient peut-être à l'infini, si les Chirurgiens y travailloient.

Ces preuves de masculinité détruites, on ne trouve plus dans ce prétendu hermaphrodite qu'une femme des mieux constituées dans tous les points. En effet, les parties de la génération ne font pas seules la différence de l'homme & de la femme; destinés à remplir des devoirs différents , la nature y a proportionné chaque partie de leur corps. La description faite par les Médecin & Chirurgiens de Lyon dans leur verbal de visite de la Grand-Jean embrasse tous les rapports sur lesquels les Juges doivent reconnoître une femme. Sa taille n'a rien d'extraordinaire ; ses cheveux sont bien plantés ; elle a le visage rond, plein & sans barbe, le col rond, potelé & garni de graisse ; on n'y apperçoit point le nœud de la gorge appellé vulgairement chez les hommes , *pomme d'Adam ;* les clavicules chez elle ne sont point saillantes ; sa poitrine est plus voûtée , plus égale , & fait mieux la hotte que celle d'un homme ; ses mammelles sont assez considérables , les bouts de la grosseur du petit doigt & longs d'environ cinq lignes , les arréoles d'un rouge pâle , quoique M. Vermeil dise le contraire , les cuisses courtes & grosses , les genoux en dedans , la jambe passablement fournie , & enfin le bassin grand & fort évasé : cette observation est de la

la dernière importance pour la dif-
tinction extérieure des deux sexes :
la femme étant deftinée à porter
dans fes flancs des enfants pendant
neuf mois , doit être conformée de
manière que le fœtus puiffe s'étendre
& s'accroître à fon aife jufqu'à fa
perfection : l'efpace qu'il occupe étant
inutile chez les hommes , ne s'y
trouve pas , & fe reconnoît au premier coup d'œil chez la Grand-Jean :
fes os pubis font un arc en dehors,
qui donnant plus d'étendue à la
grande échancrure antérieure du baf-
fin , eft propre à faciliter le paffage
des enfants.

Cette entiere convenance de parties ne peut fe rencontrer que dans
une femme parfaite ; il ne faut pas
être Anatomifte pour le reconnoître,
& pour fentir la foibleffe des objec-
tions de M. Vermeil.

PREMIERE OBJECTION.

Il dit en premier lieu que les mammelles de la Grand-Jean ne font pas
fenfibles aux coups.

Qu'il nous foit permis de répondre que jamais la fenfibilité de cette partie ne fut un attribut du fexe féminin. On ne peut la regarder que comme une occafion d'incommodités plus ou moins grandes à proportion de la délicateffe ou de la force du tempérament. Les femmes les moins fufceptibles à cet égard doivent s'en féliciter, mais ne pas pouffer trop loin les expériences, parce qu'il n'eft pas poffible de connoître le degré de violence des coups qui pourroit les détromper fur leur infenfibilité.

SECONDE OBJECTION.

Il dit en fecond lieu que les jambes de la Grand-Jean font garnies de poils.

Cette obfervation eft encore moins favorable au fyftême de M. Vermeil que la premiere. Elle n'a pas échappé aux Médecin & Chirurgiens de Lyon ; mais il eft fi commun de trouver des filles & des femmes qui ont du poil aux jambes, qu'ils n'ont

pas cru devoir en faire mention. On
en voit tous les jours qui ont de la
barbe, au point d'être obligées de se
faire rafer. Cette barbe peut leur être
furvenue par un changement arrivé
dans leur tempérament. Hippocrate
écrit que *Phaëteufe*, femme de *Pi-
thias*, & *Larrifa*, femme de *Gor-
rippus*, avoient paru être dégénérées
en hommes par la fuppreffion de leurs
mois, jufques à en prendre la voix &
la barbe. J'en connois deux dont les
bras & les mains font auffi velues
que ceux des hommes les plus ro-
buftes. J'en ai vu une dont les jambes font couvertes de poils noirs fort
épais & longs, une autre qui en a
une forêt fur le col au milieu de la
poitrine & entre les mammelles, qui
font affez groffes. Cette qualité n'eft
donc pas réfervée feulement aux hommes, & n'annonce pas un hermaphrodite.

TROISIEME OBJECTION.

M. Vermeil ajoute en troifieme

lieu que la Grand - Jean n'a jamais
eu ſes maladies périodiques.

On répond en premier lieu que
la Lambert, ci-devant ſa femme, aſſure que la Grand-Jean eſt ſujette à
cette évacuation ; & ſi le verbal de
viſite n'en fait pas mention , c'eſt
que l'on eſt dans l'uſage ſcrupuleux
de ne dire ſimplement que ce que l'on
voit ; & ſecondement , que quand
cela ne ſeroit pas , on n'en pourroit tirer de conſéquence contre notre
ſentiment. Beaucoup de femmes n'ont
jamais éprouvé ces maladies , ou les
ont d'abord perdues , ſoit naturellement , ſoit par quelque accident.
Un citoyen de cette ville a pluſieurs
filles toutes en âge d'être nubiles ,
& qui n'ont jamais eu l'incommo-
dité de cette évacuation ; cependant
une d'elles eſt mariée depuis pluſieurs années , & a des enfants ,
ſans que ſes regles ſe ſoient mon-
trées.

Les femmes occupées à des tra-
vaux fatiguants n'ont que de très-
légers écoulements ; & les plus ro-

buftes en font les plus exemptes, comme l'a obfervé Galien. Ceci s'applique naturellement à la Grand-Jean, dont le caractere paroît violent, & le tempérament endurci par l'exercice & les occupations viriles auxquelles elle s'eft adonnée de bonne heure. Sennert & Foreft rapportent que les Danfeufes & les Sauteufes ne font pas fujettes aux regles, comme les autres femmes. La raifon en eft fimple : toute évacuation capable de diminuer la quantité des humeurs peut tenir lieu du flux menftruel, par quelque endroit qu'elle fe faffe, & qui plus eft, de quelque humeur qu'elle foit formée : ce qui eft démontré par les nourrices, qui ne font pas réglées tout le temps qu'elles allaitent.

Après tant de témoignages, qui vont à la plus parfaite évidence, qui pourra encore admettre l'hermaphrodite parfait, puifqu'il répugne à la nature ? Les parties de la génération de l'homme prédominantes fur celles de la femme n'en forment pas un ; celles de la femme prédominantes fur celles de l'homme n'en méritent pas mieux le nom ; enfin rien n'approche moins de l'hermaphrodite que ces victimes infortunées qui femblent ne tenir à aucun fexe.

Dans laquelle de ces clafles placerons-nous donc Anne Grand-Jean ? ne fera-ce pas dans celle des femmes dont le fexe prédomine fur les parties de la génération des hommes ? puifque toute la défectuofité de fa conformation ne fe trouve que dans le prolongement du clitoris, & que nous pouvons attefter que dans tout le refte elle eft parfaitement femblable aux perfonnes de fon fexe, même les mieux conftituées.

Nous allons plus loin, & nous foutenons que ce prolongement exceffif ne peut l'empêcher de fe marier avec un homme, & d'en avoir des enfants : fuppofé même qu'il formât quelque obftacle, il feroit bientôt levé par l'amputation, que nous avons dit pouvoir fe faire fans aucun danger.

Il nous paroît donc démontré qu'il n'a jamais existé de véritable hermaphrodite ; & que l'on ne doit regarder que comme un jeu de la nature les difformités qui ont pu accréditer de pareilles fables.

www.ingramcontent.com/pod-product-compliance
Lightning Source LLC
Chambersburg PA
CBHW050520210326
41520CB00012B/2373